机械装配工艺与技能训练指导书

JIXIE ZHUANGPEI GONGYI YU JINENG XUNLIAN ZHIDAOSHU

主　编　陈怀洪
主　审　赵兴学

U0190685

重庆大学出版社

内容提要

本书与《机械装配工艺与技能训练》教材配套使用,其内容包括:机械装配基础知识、固定连接的装配、轴承和轴组的装配、传动机构的装配、机械密封和润滑以及卧式车床的装配等。

本书可作为中等职业学校机械设备维修类专业机械装配课程的学生用书,也可作为企业机械装配技能培训之用。

图书在版编目(CIP)数据

机械装配工艺与技能训练指导书/陈怀洪主编.
—重庆:重庆大学出版社,2014.8(2019.1 重印)

国家中等职业教育改革发展示范学校建设系列成果

ISBN 978-7-5624-8337-3

Ⅰ.①机…　Ⅱ.①陈…　Ⅲ.①装配(机械)—中等专业学校—教学参考资料　Ⅳ.①TH16

中国版本图书馆 CIP 数据核字(2014)第 153097 号

机械装配工艺与技能训练指导书

主　编　陈怀洪
策划编辑:曾显跃

责任编辑:陈　力　　版式设计:曾显跃
责任校对:谢　芳　　责任印制:张　策

*

重庆大学出版社出版发行
出版人:易树平
社址:重庆市沙坪坝区大学城西路 21 号
邮编:401331
电话:(023) 88617190　88617185(中小学)
传真:(023) 88617186　88617166
网址:http://www.cqup.com.cn
邮箱:fxk@ cqup.com.cn(营销中心)
全国新华书店经销
POD:重庆新生代彩印技术有限公司

*

开本:787mm×1092mm　1/16　印张:4.75　字数:125 千
2014 年 8 月第 1 版　2019 年 1 月第 4 次印刷
ISBN 978-7-5624-8337-3　定价:18.00 元

国家中等职业教育改革发展示范学校
建设系列教材编审委员会

前　言

为了落实国家中等职业教育改革发展示范学校"机械设备维修"重点专业建设的目标，以培养高素质技能人才为根本，以综合职业能力培养为核心。结合专业建设方案与专业建设任务书的相关要求，参照国家职业标准和行业职业技能鉴定的考核内容，根据"机械装配工艺与技能训练"课程标准的一体化教学目标和技能要求，结合《机械装配工艺与技能训练》教材的任务内容，编写了本指导书。

本书与《机械装配工艺与技能训练》教材配套使用，也是学生学习机械装配知识技能的练习用书。全书共分6个项目，内容包括：机械装配基础知识、固定连接的装配、轴承和轴组的装配、传动机构的装配、机械密封和润滑以及卧式车床的装配，其中习题内容与教材及实训技能要求进行配套。

本书旨在通过任务练习，强化和巩固学生的专业知识及相关技能。本书明确了每个学习任务的目标和要求，通过教师引导或自主查阅教材来完成所学任务，从而达到规定的学习目标。

本书由云南工业技师学院陈怀洪主编，李帮林、浦敏宣参加编写，云南工业技师学院院长、高级讲师赵兴学主审。

本书还邀请云南CY集团全国机械工业技术能手、全国机械工业质量模范、云南省第三届"兴滇人才奖"获得者、云南省劳动模范、云南省高技能人才政府津贴获得者、昆明市首届春城人才奖获得者、首届昆明市名匠、"袁建民技能大师工作室"专家、从事部装及总装机床设备和数控车床工作多年的装配钳工高级技师袁建民参加审稿。

本书在编写过程中，得到了云南工业技师学院赵兴学院长、邓开陆副院长、技训中心阳廷龙主任、欧元理副主任及机械工程系主任刘建喜及周朴的大力支持和帮助，给出了许多指导性建议和建设性意见，机械工程系的其他教师也提出了宝贵意见，本书编辑过程中还得到了阳溶冰老师的有力支持和帮助，在此表示衷心的感谢！

由于编者水平有限，书中难免有不妥之处，恳请各位同行和广大读者提出批评指正，以利本书的修正、补充和完善。

编　者
2014 年 2 月

目　录

项目 1

机械装配基础知识

任务 1.1 装配工艺概述

●学习目标

1. 了解装配工作的重要性及装配的生产类型。
2. 熟悉产品装配工艺过程的组成及装配的组织形式。
3. 掌握装配工艺规程的制订。
4. 能够识读锥齿轮轴组件的装配图。
5. 能够熟知锥齿轮轴组件的装配单元系统图。
6. 能够正确规范地拆卸锥齿轮轴组件。

●任务及要求

本任务通过对装配工艺的学习,学会识读锥齿轮轴组件的装配图,如图 1.1 所示,并能通过对其装配单元系统图和装配工艺过程卡片的熟悉,按照图 1.2 所示锥齿轮轴组件的装配顺序,尝试对锥齿轮轴组件进行正确拆卸。

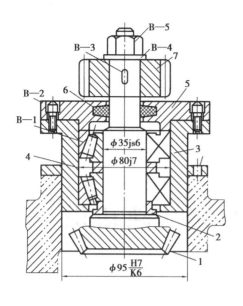

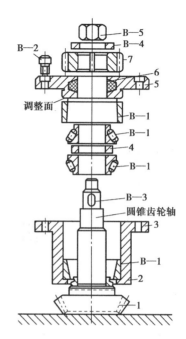

图 1.1　锥齿轮轴组件的装配图　　　图 1.2　锥齿轮轴组件装配顺序

1—锥齿轮轴;2—衬垫;3—轴承套;4—隔圈;5—轴承盖;6—毛毡;7—圆柱齿轮;

B—1—轴承;B—2—螺钉;B—3—键;B—4—垫圈;B—5—螺母

学习引导

1. 什么是装配? 什么是机械装配?

2. 加工合格的零件就一定能装配出合格的产品吗? 试说明理由。

3. 产品的装配工艺过程由哪 4 个部分组成?

4. 装配的生产类型可分为哪 3 类？固定式装配和移动式装配有什么异同？各适用于什么生产类型？

5. 根据装配单元系统图的绘制方法画出锥齿轮轴组件装配单元系统图。

6. 什么是装配工序？什么是装配工步？两者之间有什么联系？

7. 简述装配工艺规程的制订步骤。

8.识读锥齿轮轴组件的装配图,查阅相关资料标出 $\phi35js6$、$\phi80j7$ 的尺寸公差以及 $\phi95H7/K6$ 的基准制类型、配合性质和配合公差。

9.根据锥齿轮轴组件装配工艺卡片指出锥齿轮轴组件拆卸工艺步骤并实施。

● 考核评价

序　号	项目和技术要求	实训记录	配　分	得　分
1	正确识读锥齿轮轴组件装配图		10	
2	根据装配顺序清晰画出锥齿轮轴组件装配单元系统图		10	
3	回答老师提出的锥齿轮轴组件装配工序规程问题		15	
4	能正确使用拆卸工具并做到动作规范		10	
5	能够正确拆卸锥齿轮轴组件,拆卸顺序正确,有团队合作精神		25	
6	拆卸时无零件损坏		10	
7	拆卸后的零件按顺序摆放,保管齐全		10	
8	拆卸后清理工具,打扫卫生		10	

任务 1.2 装配前的准备工作

●学习目标

1. 了解旋转件不平衡的形式及平衡方法。
2. 了解零件的密封性试验方法。
3. 掌握零件的清理和清洗方法。
4. 能够对拆卸的锥齿轮轴组件进行正确的清理和清洗。

●任务及要求

本任务通过对装配前的准备工作进行学习,重点对拆卸后的锥齿轮组件各零件进行清理和清洗,学会使用如图 1.3 所示清洗设备清洗各零件,掌握正确清洗方法并能熟练操作。

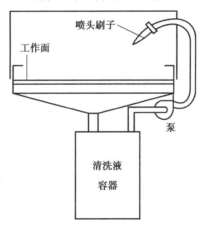

图 1.3 手工冲洗装置

●学习引导

1. 试述零件的清理方法及清洗方法。

2.零件在清洗时的注意事项有哪些?

3.旋转件不平衡的形式分为哪两类?为什么要对旋转零部件进行平衡?

4.简述静平衡方法的具体操作步骤。

5.零件的密封性试验有哪两种?为什么要对零件进行密封性试验?

6.简述锥齿轮组件的清洗步骤并实施。

●考核评价

序　号	项目和技术要求	实训记录	配　分	得　分
1	能正确使用清理清洗工具并做到动作规范		15	
2	回答老师提出的锥齿轮轴组件清理清洗问题		20	
3	能够正确清理清洗锥齿轮轴组件,清理清洗动作正确,有团队合作精神		35	
4	清理清洗的零件按顺序摆放,保管齐全		15	
5	清洗后清理器具,打扫卫生		15	

任务 1.3　装配尺寸链和装配方法

●学习目标

1. 了解装配精度的分类。
2. 熟悉保证产品精度的各种方法。
3. 掌握装配尺寸链的概念及解法。
4. 能够运用装配尺寸链进行计算。
5. 能够把各种装配方法应用于零部件的装配。

●任务及要求

　　本任务通过对装配尺寸链和装配方法的学习,掌握各种装配方法的适用范围,学会应用4种装配方法对不同零部件进行装配,明确装配精度须用尺寸链方法来分析与计算,重点会应用装配尺寸链进行计算。

1. 什么是装配精度？装配精度主要包括哪几方面的内容？

2. 什么是装配尺寸链？装配尺寸链有什么特征？

3. 什么是尺寸链的环？分为哪些环？每个尺寸链至少应有几个环？具体是哪几个环？

4. 简述增减环的判断方法。

5. 常用的装配方法有哪 4 种？简述 4 种装配方法的含义和适用范围。

考核评价

1. 如图 1.4 所示为齿轮轴装配简图。其中，$B_1 = 80$ mm，$B_2 = 60$ mm，$B_3 = 20$ mm，要求装配后轴向间隙为 0.02 ~ 0.20 mm。试用完全互换法解该装配尺寸链。

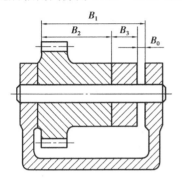

图 1.4　齿轮轴装配图

2. 如图 1.5 所示，某轴在加工后须镀铬处理，孔径尺寸为 $A_1 = \phi 50^{+0.03}_{0}$ mm，镀铬前轴的尺寸为 $A_2 = \phi 49.74^{0}_{-0.016}$ mm，要求配合间隙为 0.236 ~ 0.286 mm，则镀铬层厚度 A_3 应控制在什么范围内？

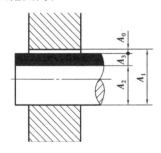

图 1.5　孔轴装配图

任务 1.4 机械装配常用工具

●学习目标

1. 了解电动及气动工具的使用方法。
2. 熟悉机械拆卸工具的正确使用方法。
3. 掌握装配手工工具的操作使用方法。
4. 能够规范使用和选择拆装常用工具。

●任务及要求

本任务通过对机械装配常用工具的学习,熟悉并掌握各种机械装配常用工具的使用方法,学会规范操作各种机械装配工具,正确对锥齿轮轴组件进行装配。

●学习引导

1. 使用螺钉旋具时应注意哪些要点?

2. 常用的扳手有哪3类? 各有什么特点和使用范围?

3. 轴用弹性挡圈钳和孔用弹性挡圈钳有什么异同?

4. 常用的拆卸工具有哪些? 说明这些工具的用途。

5. 简述电动工具和气动工具的使用特点。

6. 简述装配锥齿轮轴组件所需的装配工具,制订装配工艺步骤并实施。

● 考核评价

序　号	项目和技术要求	实训记录	配　分	得　分
1	装配前零件按顺序摆放,整齐有序		15	
2	能正确使用装配工具并做到动作规范		15	
3	回答老师提出的锥齿轮轴组件装配问题		20	
4	能够正确装配锥齿轮轴组件,装配动作熟练,有团队合作精神		35	
5	装配后清理器具,打扫卫生		15	

项目 2

固定连接的装配

任务 2.1　螺纹连接的装配

●学习目标

1. 了解螺纹连接的类型。
2. 熟悉螺母、螺钉的装配要点。
3. 掌握螺纹连接的装配技术要求。
4. 掌握螺纹连接的预紧与防松。
5. 熟悉螺纹连接的损坏形式及修复防松。
6. 能够正确拆装双头螺柱、螺钉、螺母。

●任务及要求

本任务通过对螺纹连接装配的学习,熟悉螺纹连接的装配要点,掌握螺纹连接的装配技术要求,在拆装双头螺柱时,能选择和使用装拆工具,正确进行螺纹的拆卸和装配,在装配过程中,学会使用力矩扳手保证装配螺纹达到预紧力矩。

●学习引导

1. 螺纹连接分为哪两大类？螺纹连接属于什么连接？具有什么特点？

2. 螺纹连接装配的技术要求有哪些内容？

3. 螺纹连接的预紧可用什么工具进行拧紧, 有规定预紧力的螺纹连接常用哪些方法来保证准确的预紧力？

4. 螺纹连接的防松有哪几种防松？各种防松种类包括哪些具体内容？

5. 简述双头螺柱的装配要点。

6. 简述螺栓、螺母和螺钉的装配要点。

7. 简述螺纹连接的损坏形式及修复方法。

8. 根据双头螺柱装配步骤,列出装拆所需工具,查阅相关资料说明装配双头螺柱所需的拧紧力矩并实施拆装。

考核评价

序 号	项目和技术要求	实训记录	配 分	得 分
1	装配顺序正确		10	
2	螺柱与轴承座配合紧固		10	
3	螺柱轴心线必须与轴承盖上表面垂直		15	
4	装入双头螺柱时,必须用油润滑		10	
5	双螺母连接应能起到防松目的		15	
6	拆卸顺序正确		15	
7	拆卸时无零件损坏		15	
8	拆卸后的零件按顺序摆放,保管齐全		10	

任务 2.2　键连接的装配

 ●学习目标

1. 熟悉松键连接的装配技术要求。
2. 掌握松键连接的装配要点。
3. 了解紧键连接的装配。
4. 掌握花键连接的装配。
5. 了解键的损坏形式及修复。
6. 能读懂键连接装配图及其零件图。
7. 能够准确拆装键连接。

●任务及要求

本任务通过对键连接装配的学习,了解键连接的分类及特点,熟悉键连接的装配要求,掌握键连接的装配要点。在对平键连接、楔键连接和花键连接的拆装过程中,规范使用装拆工具正确进行装配。

 ●学习引导

1. 试述键连接的作用及其特点。

2. 按结构和用途不同,键连接可分为哪几种键连接? 各有什么特点? 各种键连接又分为哪些键的连接?

3. 简述松键连接的装配技术要求。

4. 简述松键连接的装配要点。

5. 简述楔键连接的装配技术要求和装配要点。

6. 解释装配图上的花键连接标记：$6\times 26\dfrac{H7}{f7}\times 30\dfrac{H10}{a11}\times 6\dfrac{H11}{d10}$（GB/T 1144—2001）

7. 解释零件图上的外花键标记：$6\times 26f\,7\times 30a11\times 6d10$（GB/T 1144—2001）

8. 简述花键连接的装配要点。

9. 根据平键装配步骤,列出装拆所需工具并实施拆装。

●考核评价

序 号	项目和技术要求	实训记录	配 分	得 分
1	装配顺序正确		10	
2	平键与轴槽和轮毂槽的配合性质符合要求		15	
3	键长方向上键与轴槽有0.1 mm左右间隙		10	
4	装入平键时,配合面上必须用油润滑		10	
5	平键与槽底接触良好		10	
6	平键与键槽的非配合面应留有间隙		15	
7	装配后的齿轮在轴上不能左右摆动		15	
8	拆卸方法、顺序正确,无零件损坏		15	

任务 2.3　销连接的装配

●学习目标

1. 掌握圆柱销的装配。

2. 掌握圆锥销的装配。

3. 能读懂销连接装配图及其零件图。

4. 会拆装销连接。

●任务及要求

本任务通过对销连接装配的学习,掌握圆柱销的装配和拆卸,会使用拔销器从盲孔中拆卸定位销,能进行圆柱销、圆锥销连接的配钻、配铰,完成销连接的定位安装。

●学习引导

1. 销一般可分为哪 3 种销? 销主要有什么作用?

2. 简述圆柱销连接的装配要点。

3. 简述圆锥销的装配要点。

4. 根据圆锥销的装配步骤,列出装拆圆锥销所需工具并实施拆装。

5. 根据圆柱销的装配步骤,列出装拆圆柱销所需工具并实施拆装。

●考核评价

序　号	项目和技术要求	实训记录	配　分	得　分
1	装配顺序正确		10	
2	钻头选择正确		10	
3	两连接件一起装夹		15	
4	销孔的轴心线应垂直并通过轴的轴心线		15	
5	装入圆锥销和圆柱销时,必须用油润滑		10	
6	圆锥销和圆柱销装配深度正确		15	
7	拆卸圆锥销、圆柱销的顺序、方法正确		15	
8	拆卸时无零件损坏		10	

任务2.4　过盈连接的装配

●学习目标

1.了解过盈连接的装配技术要求。

2.掌握过盈连接的装配方法。

3.能读懂过盈连接装配图及其零件图。

4.会拆装过盈连接。

●任务及要求

本任务通过对过盈连接装配的学习,了解过盈连接的装配技术要求,熟悉过盈连接的装配要点,掌握过盈连接的装配方法,能使用热胀法、冷缩法、液压套合法进行过盈连接的装配。

●学习引导

1. 简述过盈连接的装配技术要求。

2. 简述过盈连接的装配要点。

3. 圆柱面过盈连接常见的装配方法有哪几种？说明不同方法的特点及应用范围。

4. 圆锥面过盈连接常见的装配方法有哪几种？说明不同方法的特点及应用范围。

●考核评价

结合实际简要叙述热胀法、冷缩法、液压套合法进行过盈连接装配的应用。

项目 3

轴承和轴组的装配

任务 3.1　滚动轴承的装配

●学习目标

1. 了解滚动轴承装配的技术要求。
2. 熟悉滚动轴承的调整与预紧。
3. 掌握滚动轴承的装拆方法。
4. 能够识读滚动轴承装配图。
5. 能够正确使用和选择拆装滚动轴承的工具。
6. 能够正确规范地拆装滚动轴承。

●任务及要求

本任务通过对滚动轴承装配的学习,熟悉滚动轴承的调整与预紧,掌握滚动轴承的装拆方法。在圆柱孔滚动轴承的装配时,能够正确使用和选择轴承拆卸工具,学会采用轴承压力机,规范拆装滚动轴承。

●学习引导

1.滚动轴承一般由哪几部分组成？滚动轴承内圈与轴颈、外圈与轴承座孔采用哪种配合制配合？

2.简述滚动轴承装配的技术要求。

3.一般滚动轴承的装配方法有哪几种？滚动轴承装配前应作哪些准备工作？

4.试述不可分离型滚动轴承座圈的装配顺序。

5. 简述分离型滚动轴承座圈的装配顺序。

6. 滚动轴承座圈压装结合配合过盈量的大小不同应采取哪些压装方法?

7. 简述滚动轴承的拆卸方法。

8. 什么是滚动轴承的游隙? 为什么说滚动轴承的游隙既不能太大,也不能太小?

9. 滚动轴承游隙调整方法有哪些? 如何调整滚动轴承游隙?

10. 什么是滚动轴承的预紧? 其预紧方法有哪些?

11. 根据圆柱孔滚动轴承的装配任务列出所需拆装工具,制订装配工艺步骤并实施。

● 考核评价

序 号	项目和技术要求	实训记录	配 分	得 分
1	正确识读圆柱孔滚动轴承装配图		10	
2	回答老师提出的圆柱孔滚动轴承装配工艺问题		15	
3	能正确使用拆装工具并做到动作规范		15	
4	能够正确装配圆柱孔滚动轴承,拆卸顺序正确,有团队合作精神		30	
5	装配时无零件损坏		10	
6	装配的零件按顺序摆放,整齐齐全		10	
7	装配后清理工具,打扫卫生		10	

任务 3.2　滑动轴承的装配

● 学习目标

1. 了解滑动轴承的种类和特点。
2. 熟悉内柱外锥式动压轴承及静压轴承的装配。
3. 掌握整体式和剖分式滑动轴承的装配。
4. 能够识读滑动轴承装配图。

5. 能够正确使用和选择装配滑动轴承的工具。

6. 能够正确规范地装配滑动轴承。

●任务及要求

本任务通过对滑动轴承装配的学习,重点对如图 3.1 所示剖分式滑动轴承进行装配,学会在装配过程中反复刮研上下轴瓦,保证接触斑点在 16 ~ 20 点、25 mm×25 mm 时合格。

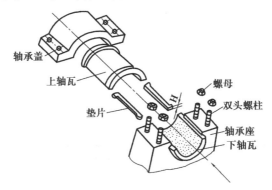

图 3.1　剖分式滑动轴承装配图

●学习引导

1. 简述滑动轴承的分类及其特点。

2. 简述整体式滑动轴承的装配要点。

3. 简述剖分式滑动轴承的装配要点。

4. 简述内柱外锥式滑动轴承的装配要点。

5. 简述静压轴承的装配要点。

6. 根据剖分式滑动轴承的装配步骤列出所需装配工具并实施装配。

考核评价

序 号	项目和技术要求	实训记录	配 分	得 分
1	正确识读剖分式滑动轴承装配图		10	
2	回答老师提出的剖分式滑动轴承装配工艺问题		15	
3	能正确使用装配工具并做到动作规范		10	
4	能够正确装配剖分式滑动轴承,装配顺序正确,有团队合作精神		25	
5	装配时无零件损坏,刮瓦达到规定研磨点		20	
6	装配的零件按顺序摆放,整齐齐全		10	
7	装配后清理工具,打扫卫生		10	

任务 3.3 轴组的装配

●学习目标

1. 了解主轴部件精度要求。
2. 熟悉轴承的固定方式。
3. 掌握滚动轴承的定向装配方法。
4. 能够识读主轴部件装配图。
5. 能够正确使用量具对主轴部件装配进行精度检测。
6. 能够正确规范地使用工具装配调整主轴部件。

●任务及要求

本任务通过对轴组装配的学习,熟悉轴承的固定方式,掌握滚动轴承的定向装配方法。重点对如图 3.2 所示的 C630 型车床主轴部件进行装配,要求在装配过程中正确使用量具对主轴部件进行精度检测,学会规范使用工具装配调整主轴部件。

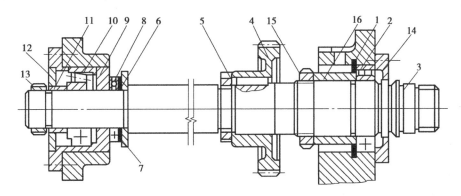

图 3.2 C630 型车床主轴部件

1—卡环;2—滚动轴承;3—主轴;4—大齿轮;5—螺母;6—垫圈;7—开口垫圈;

8—推力球轴承;9—轴承座;10—圆锥滚子轴承;11—衬套;12—盖板;

13—圆螺母;14—法兰;15—调整螺母;16—调整套

●学习引导

1. 简述轴承的径向固定和轴向固定的方式。

2. 什么是定向装配? 为什么要采用定向装配?

3. 简述装配件误差的检测方法。

4. 简述滚动轴承定向装配要点。

5. 如何检测主轴的径向跳动误差和主轴的轴向窜动误差?

6. 根据主轴部件的装配顺序和调整步骤,列出所需装调工具和量具并实施。

●考核评价

序　号	项目和技术要求	实训记录	配　分	得　分
1	正确识读主轴部件装配图		10	
2	回答老师提出的主轴部件装配工艺问题		10	
3	能正确使用装配工具并做到动作规范		10	
4	能够正确装配主轴部件,装配顺序正确,有团队合作精神		25	
5	能够正确调整主轴部件,调整顺序正确		15	
6	装配轴承时无零件损坏,安全文明装配		10	
7	装配的零件按顺序摆放,整齐齐全		10	
8	装配调整后清理工具,打扫卫生		10	

项目 4

传动机构的装配

任务 4.1 带传动机构的装配

● 学习目标

1. 了解带传动机构的类型和运用。
2. 熟悉带传动的张紧装置和调整方法。
3. 掌握带传动机构的装配工艺。
4. 能够正确拆卸带传动机构。
5. 能够正确装配带传动机构。
6. 能够进行带轮和传动带的张紧力调整。

● 任务及要求

　　本任务通过对带传动机构装配的学习,学会识读带轮装配图,规范使用拆装工具拆装带轮机构,做到拆装顺序正确,拆装无零件损坏,能进行两带轮相互位置的检测,能够对带轮和传动带进行张紧力的调整。

●学习引导

1. 简述带传动的种类及带传动的特点。

2. 平带有哪 3 种传动形式？通常应用于什么场合？

3. V 带传动是怎样实现传动的？通常应用于什么场合？

4. 简述同步齿形带传动的特点。

5. 简述带传动机构的技术要求和装配要求。

6. 如何检测带轮安装后的径向、端面圆跳动量和两带轮相互位置的正确性？

7. 简述 V 带的装配步骤。

8. 带传动张紧力的调整方法有哪些？如何进行张紧力的检查？

9. 根据带轮的装配顺序和调整步骤,列出所需装调工具和量具并实施。

●考核评价

序　号	项目和技术要求	实训记录	配　分	得　分
1	正确识读带轮装配图		10	
2	回答老师提出的带传动问题		20	
3	能正确使用拆装工具并做到动作规范		15	
4	能够正确拆装带轮机构,拆装顺序正确,有团队合作精神		25	
5	拆装时无零件损坏		10	
6	拆卸后的零件按顺序摆放,保管齐全		10	
7	拆装后清理工具,打扫卫生		10	

任务4.2　链传动机构的装配

●学习目标

1. 了解链传动的种类和传动特点。
2. 熟悉链传动机构的装配技术要求。
3. 掌握链传动的张紧及装配工艺。
4. 能够进行链轮和链条的拆卸。
5. 能够正确装配链传动机构。

●任务及要求

　　本任务通过对链传动机构装配的学习,要求熟悉链传动机构的装配技术要求,掌握链传动的张紧及装配工艺,学会对链轮和链条进行拆卸,能够正确装配链传动机构。

●学习引导

1.什么是链传动？简述链传动的特点。

2.简述链传动机构的装配技术要求。

3.链轮在轴上的固定方法有哪些？链条的套筒滚子有几种接头形式？

4.简述链传动机构常见的损坏形式及对应的修配方法。

5. 根据链传动的拆装顺序和调整步骤, 列出所需装调工具并实施。

● 考核评价

序　号	项目和技术要求	实训记录	配　分	得　分
1	拆装、测量工具的正确使用		10	
2	对照技术图样, 能叙述摩托链传动机构的结构和各主要零部件的功用		10	
3	拆卸顺序正确、规范, 无零件损伤		20	
4	会用多种方法与手段查阅关于链传动的相关资料		15	
5	测量出链条的几何参数并记录		15	
6	链条的张紧适度, 运转灵活		10	
7	链罩无擦伤, 表面无刮痕		10	
8	学习态度、团队合作情况		10	

任务 4.3　齿轮传动的装配

● 学习目标

1. 了解齿轮传动的传动特点。
2. 熟悉齿轮传动的主要参数及其计算方法。
3. 掌握齿轮传动机构装配的技术要求和检测方法。
4. 能够正确进行圆柱及圆锥齿轮传动机构的拆装。
5. 能够对圆柱及圆锥齿轮机构进行检测和调整。

●任务及要求

本任务通过对齿轮传动装配的学习,要求熟悉齿轮传动的主要参数及其计算方法,掌握齿轮传动机构装配的技术要求和检测方法。在减速机拆装过程中,能够测绘相互啮合的圆柱齿轮零件,正确拆卸圆柱及圆锥齿轮传动机构并清洗零件,对圆柱及圆锥齿轮机构进行检测和调整,制订装配方案规范装配减速机。

●学习引导

1. 什么是齿轮机构与齿轮传动?

2. 简述齿轮传动的特点。

3. 简述齿轮装配时的技术要求。

4. 齿轮在轴上的装配固定形式有哪几种？有什么装配要求？

5. 如何检查压装后齿轮的径向跳动量和端面跳动量？

6. 简述圆柱齿轮装配齿侧间隙的检验方法。

7. 简述圆柱齿轮装配接触精度的检验方法。

8. 圆柱齿轮和圆锥齿轮传动机构的装配顺序方法有何异同?

9. 如何进行圆锥齿轮的装配和调整?

10. 简述圆锥齿轮装配侧隙的检验方法。

11. 简述圆柱齿轮装配接触精度的检验方法。

12. 如何对齿轮传动机构进行修配?

13. 拟订减速机的拆装工艺,列出拆装、调整和检测齿轮所需工具和量具并实施。

●考核评价

序　号	考核内容	考核标准	实训记录	配　分	得　分
1	拆卸	制订拆卸工艺路线图,拆卸工艺路线正确		10	
2		按拆卸工艺路线图拆卸,工具使用正确,零件摆放正确		15	
3	清洗	达到所规定的清洗效果。不合格扣 1 分/处		30	
4	装配	正确反映轴与齿轮、轴与轴承、轴与联轴器、主动轴与从动轴的配合关系。错或漏扣 1 分/处		15	
5		按照装配工艺方案正确实施装配过程,工、量具使用方法正确,零件摆放正确,机械故障处理正确。错或漏扣 2 分/处		20	
6	行为规范	资料收集、工具使用、工艺文件、动作规范、场地规范;不足酌情扣分		5	
7	职业素养	团队精神、安全意识、责任心、职业行为习惯;不足酌情扣分		5	

任务 4.4　蜗杆传动机构的装配

●学习目标

1. 了解蜗杆传动机构的结构特点。
2. 熟悉蜗杆传动机构的装配技术要求。
3. 掌握蜗杆传动机构的装配工艺。
4. 了解蜗杆传动机构的修复方法。
5. 能够进行蜗杆传动机构的拆卸和装配。
6. 能够进行蜗杆传动机构的检测和调整。

●任务及要求

　　本任务通过对蜗杆传动机构装配的学习,要求熟悉蜗杆传动机构的装配技术要求,掌握蜗杆传动机构的装配工艺。在蜗轮蜗杆减速机的拆装过程中,能够按拆卸工艺正确进行拆卸,按装配步骤规范进行装配,学会对蜗杆传动机构进行检测和调整。

●学习引导

　　1. 简述蜗杆传动的结构特点。

2. 如何判断蜗杆的螺旋方向和蜗轮的回转方向?

3. 简述蜗杆传动机构的装配技术要求。

4. 如何对蜗杆孔轴线与蜗轮孔轴线的垂直度进行检验?

5. 简述蜗杆传动机构的装配过程。

6. 如何进行蜗杆传动机构齿侧间隙的检验？

7. 拟订蜗轮蜗杆减速机的拆装工艺,列出拆装所需工具和量具并实施。

●考核评价

序　号	考核内容	考核标准	实训记录	配　分	得　分
1	拆卸	制订拆卸工艺路线图,拆卸工艺路线正确		10	
2		按拆卸工艺路线图拆卸,工具使用正确,零件摆放正确		15	
3	清洗	达到所规定的清洗效果。不合格扣1分/处		30	
4	装配	正确反映轴与蜗轮、蜗杆与轴承、蜗杆与蜗轮、主动轴与从动轴的配合关系。错或漏扣1分/处		15	
5		按照装配工艺方案正确实施装配过程,工、量具使用方法正确,零件摆放正确,机械故障处理正确。错或漏扣2分/处		20	
6	行为规范	资料收集、工具使用、工艺文件、动作规范、场地规范;不足酌情扣分		5	
7	职业素养	团队精神、安全意识、责任心、职业行为习惯;不足酌情扣分		5	

任务 4.5　螺旋机构的装配

●学习目标

1. 了解螺旋机构工作原理、特点、功用及应用场合。
2. 熟悉螺旋机构的装配要求。
3. 掌握螺旋机构的装配要点。
4. 能够进行螺旋传动机构的装配。
5. 能够进行螺旋机构间隙的测量和调整。

●任务及要求

本任务通过对螺旋机构装配的学习,要求熟悉螺旋机构的装配要求,掌握螺旋机构的装配要点。在对车床丝杠机构的拆装过程中,能正确使用拆装工具进行拆装,学会测量丝杠间隙,调整丝杠回转精度,装配的丝杠机构符合装配要求。

 ●学习引导

1. 简述螺旋机构的作用和特点。

2. 螺旋机构在装配后一般应满足什么要求?

3. 如何测量丝杠螺母的径向间隙?

4. 丝杠螺母的轴向间隙消隙机构通常有哪两种消隙机构?各自又包括哪些消隙机构?

5. 如何用丝杠直接校正两轴承孔与螺母孔的同轴度?

6.拟订车床丝杠机构的拆装工艺,列出所需的工具和量具并实施。

●考核评价

序 号	项目和技术要求	实训记录	配 分	得 分
1	正确识读 CA6140 型卧式车床丝杠装配图		10	
2	回答老师提出的螺旋传动装配问题		20	
3	能正确使用拆装工具并做到动作规范		15	
4	调整丝杠回转精度,拆装顺序正确		25	
5	拆装时无零件损坏		10	
6	拆卸后的零件按顺序摆放,保管齐全		10	
7	拆装后清理工具,打扫卫生		10	

任务 4.6 联轴器和离合器的安装

●学习目标

1.了解常用联轴器和离合器的类型和特点。

2.熟悉常用联轴器和离合器的装配技术要求。

3.掌握常用联轴器和离合器的装配方法。

4.能够进行联轴器和离合器的拆装和调整。

●任务及要求

　　本任务通过对联轴器和离合器安装的学习,要求熟悉常用联轴器和离合器的装配技术要求,掌握常用联轴器和离合器的装配方法。在联轴器的安装和离合器的拆装过程中,能够正确拆装常用联轴器和离合器,使用工量具进行测量和调整,满足拆装规范。

●学习引导

　　1.简述联轴器的结构特点。

　　2.简述凸缘式联轴器的装配方法。

　　3.十字槽式联轴器的装配技术要求是什么?

　　4.简述离合器的结构特点和装配工艺要求。

5. 简述牙嵌式离合器的装配方法。

6. 为什么说双向片式摩擦离合器的装配摩擦片间隙要适当?

7. 拟订联轴器和离合器的拆装工艺,列出所需工量具并实施。

 ●考核评价

序　号	项目和技术要求	实训记录	配　分	得　分
1	正确识读离合器、联轴器装配图		10	
2	回答老师提问的联轴器及离合器拆装问题		20	
3	能正确使用拆装工具并做到动作规范		15	
4	能够正确拆装离合器,拆装顺序正确,有团队合作精神		25	
5	拆装时无零件损坏		10	
6	拆卸后的零件按顺序摆放,保管齐全		10	
7	拆装后清理工具,打扫卫生		10	

项目 5

机械的润滑与密封

任务 5.1　机械的润滑

●学习目标

1. 了解常用润滑剂、润滑脂的种类及特性。
2. 熟悉常用润滑方式和润滑装置的特点。
3. 掌握常用典型机械零件的润滑。
4. 能够使用常用润滑剂和润滑脂对机械进行润滑。

●任务及要求

　　本任务通过对机械润滑的学习,要求熟悉常用润滑方式和润滑装置的特点,掌握常用典型机械零件的润滑。在对图 5.1 所示的 CA6140 型车床主轴箱润滑系统的循环油路读图分析和换油的过程中,学会对机械零部件进行润滑。

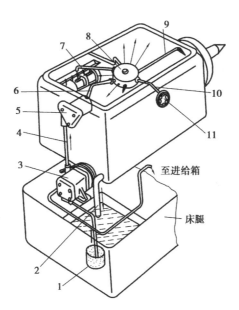

图 5.1　CA6140 型车床主油箱润滑系统

1—滤油器;2—回油管;3—油泵;4—油管;5—滤油器;6,7—油管;
8—分油器;9,10—油管;11—油标

 学习引导

1.简述机械润滑包括的内容及润滑的作用。

2.简述润滑油的类型和特点。

3.简述润滑油的选用原则。

4. 简述润滑脂的分类和特点。

5. 如何对润滑脂进行选择？

6. 常用的油润滑方式及装置有哪些？

7. 常用的脂润滑方式和装置有哪些？

8. 低速、中速、高速机械应选择什么润滑方式？

9. 简述齿轮传动润滑方式的选择。

10. 滚动轴承应如何选择润滑方式及润滑剂?

11. 读懂图 5.1 后试述主轴箱润滑系统的供油路线,按换油实施步骤进行主轴箱的润滑并试车检验。

●考核评价

序　号	项目和技术要求	实训记录	配　分	得　分
1	换油工具准备		10	
2	废油泄放		10	
3	废油处理		10	
4	系统清洗		20	
5	加注新油		20	
6	试车检验		20	
7	安全文明操作		10	

任务 5.2　机械的密封

●学习目标

1. 了解密封的作用与类型。
2. 熟悉常用密封方式与密封装置。
3. 掌握常用典型机械的密封。
4. 能够使用常用密封元件对机械进行密封装配。

●任务及要求

本任务通过对机械密封的学习,熟悉常用密封方式与密封装置,掌握常用典型机械的密封。在典型机械的密封装配中,要求能够使用常用密封元件对机械进行正确密封装配。

●学习引导

1. 密封的作用是什么?

2. 简述密封的类型。

3. 什么是静密封？常见的静密封方式有哪几种？

4. 什么是动密封？其中接触式密封和非接触式密封各适用于什么场合？

5. 接触式密封包括哪些密封？各有什么特点？

6.非接触式密封包括哪些密封？各适用于什么场合？

7.拟订典型机械任务的密封装配工艺并实施。

 ●考核评价

序　号	项目和技术要求	实训记录	配　分	得　分
1	正确识读典型机械装配图		10	
2	回答老师提出的典型机械密封问题		20	
3	能正确使用拆装工具并做到动作规范		15	
4	能够正确拆装密封元件,拆装顺序正确,有团队合作精神		25	
5	拆装时无零件损坏		10	
6	拆卸后的零件及密封件按顺序摆放,保管齐全		10	
7	拆装后清理工具,打扫卫生		10	

项目 6

卧式车床的装配

任务 6.1　CA6140 型卧式车床概述

📢●学习目标

1. 了解卧式车床的加工范围及典型加工表面内容。
2. 熟悉卧式车床的主要组成部件及各部件连接关系。
3. 掌握 CA6140 型卧式车床的运动分析及其传动关系。
4. 能够操作 CA6140 型卧式车床各主要部件,熟悉各部件的作用。
5. 能够识读 CA6140 型卧式车床的传动系统图,变换车床各种主运动和进给运动。

●任务及要求

本任务通过对 CA6140 型卧式车床概述的学习,应熟悉卧式车床的主要组成部件及各部件连接关系,掌握 CA6140 型卧式车床的运动分析及其传动关系。在对如图 6.1 所示车床主要部件的操作中,能够正确变换主轴转速及进给量,熟悉纵横向进给的转动方向和移动关系,尾座的进退及锁紧,学会车床主运动和进给运动的变换操作,为装配车床打好基础。

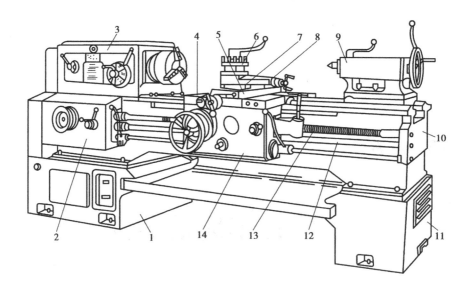

图 6.1　CA6140 型卧式车床的外形图

1,11—床腿;2—进给箱;3—主轴箱;4—床鞍;5—中滑板;6—刀架;7—转盘;

8—小滑板;9—尾座;10—床身;12—光杠;13—丝杠;14—溜板箱

●学习引导

1.简述卧式车床的加工范围及典型加工的表面内容。

2.CA6140 型卧式车床三箱(主轴箱、进给箱、溜板箱)及三杠(光杠、丝杠、操纵杠)的作用是什么?

3. 什么是车床的主运动、进给运动和辅助运动？试举例说明。

4. 试用传动方框图说明 CA6140 型卧式车床的主运动传动链。

5. 试用传动结构式分析 CA6140 型卧式车床的主运动，并简要说明主轴得到 24 级正转转速和 12 级反转转速的传动路线。

6. 找出并抄写 CA6140 卧式车床铭牌内容。

7. 简述车床主轴获得主运动的操作顺序并实施。

8. 简述车床刀架获得进给运动的操作顺序并实施。

9. 查阅车床说明书,试述 CA6140 型卧式车床在床身上的最大加工直径、最大加工长度、中心高、横向和纵向的进给量范围、主轴的转速、主电动机的功率和转速、主机净重、主机轮廓尺寸等参数。

考核评价

序号	评分项目	评分标准	分值	考核结果	得分
1	主轴转速变换	动作规范、操作熟练,无卡滞打齿现象	30		
2	进给量变换	能根据铭牌上的进给量变换	20		
3	纵向和横向手动进给转动	手柄转动方向正确,操作正确	20		
4	纵向和横向机动进给转动	手柄操作方向正确,进给符合要求	20		
5	尾座的进退和锁紧	动作到位,方向正确	10		

任务 6.2 CA6140 型卧式车床主轴箱的拆装

●学习目标

1. 了解车床主轴箱传动带轮装置的结构特点。
2. 了解车床主轴变速操作机构的结构特点及主轴箱的润滑。
3. 熟悉摩擦离合器和制动器的结构及其调整。
4. 掌握车床主轴部件的结构和调整方法。
5. 掌握拆装设备和工具的正确使用方法。
6. 掌握拆装方法,对主轴箱机构进行正确的拆卸和装配。
7. 能够正确使用拆装工具对主轴箱进行拆卸。
8. 能够对主轴箱主轴进行检测。
9. 能够掌握离合器的安装与调整方法。
10. 能够正确装配车床主轴箱。

●任务及要求

本任务通过对 CA6140 型卧式车床主轴箱拆装的学习,应了解车床主轴变速操作机构的结构特点,熟悉摩擦离合器和制动器的结构及其调整,掌握车床主轴部件的结构和调整方法。在对车床主轴箱的拆装过程中,要求对照如图 6.2 所示主轴箱传动系统图,正确使用拆装工具对主轴箱进行拆卸,能够使用检测量具对主轴进行检查,规范安装和调整离合器,最终学会正确装配车床主轴箱部件。

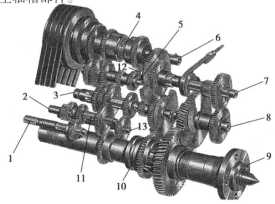

图 6.2 主轴箱传动系统立体图

1—Ⅹ轴;2—ⅩⅠ轴;3—Ⅲ轴;4—M1 离合器;5—Ⅱ轴;6—Ⅰ轴;7—Ⅳ轴;
8—Ⅴ轴;9—Ⅵ轴;10—M2 离合器;11—Ⅸ轴;12—Ⅶ轴;13—Ⅷ轴

●学习引导

1. CA6140 型卧式车床的卸荷传动带轮装置是如何把电动机的运动传入主轴箱的？

2. 车床主轴箱内的双向多片式摩擦离合器的作用是什么？并加以说明。

3. 简述车床主轴箱内的摩擦离合器压紧和松开的操纵控制原理。

4. 简述车床闸带式制动器的操纵控制制动原理。如何调整制动带的松紧？

5. 简述车床主轴前端的结构特点。

6. 简述 CA6140 型卧式车床主轴组件的两支承结构特点及调整方法。

7. 制订主轴箱轴 I 的拆卸工艺,列出所需工量具并动手实施。

8.制订车床主轴轴组Ⅵ的装配工艺,列出所需工量具并动手实施。

9.为什么在装配双向多片式摩擦离合器时摩擦片间隙要适当? 如何调整摩擦离合器?

10.简述车床主轴箱的装配顺序并实施。

●考核评价

序　号	评分项目	评分标准	分　值	考核结果	得　分
1	使用工具	正确选用和使用拆装工具	10		
2	拆装步骤	对应主轴箱的装配图展开,拆装方法和步骤正确	30		
3	拆装规范	拆卸后的零件无损坏并按顺序摆放,操作安全	10		
4	检测调整	主轴箱装配精度结果及离合器调整	20		
5	回答提问	叙述装配基本知识,包括装配工艺,装配时的联接和配合等,并回答相关的问题	20		
6	装配习惯	团队合作情况及清点工具、打扫卫生	10		

任务 6.3　CA6140 型卧式车床溜板箱的拆装

●学习目标

1. 了解溜板箱开合螺母操纵机构和互锁机构的工作原理。

2. 了解超越离合器和安全离合器的工作原理。

3. 熟悉纵向、横向机动进给及快速移动操纵机构的结构特点。

4. 掌握拆装方法,对溜板箱机构进行正确的拆卸和装配。

5. 能够正确使用拆装工具对溜板箱进行拆卸。

6. 能够掌握离合器的安装与调整方法。

7. 能够正确装配车床溜板箱。

●任务及要求

本任务通过对 CA6140 型卧式车床溜板箱拆装的学习,应了解溜板箱开合螺母操纵机构和互锁机构的工作原理,熟悉纵横向机动进给及快速移动操纵机构的结构特点,掌握拆装方法。在对如图 6.3 所示车床溜板箱的拆卸过程中,要求正确使用拆装工具规范拆卸,并学会对车床溜板箱的正确装配。

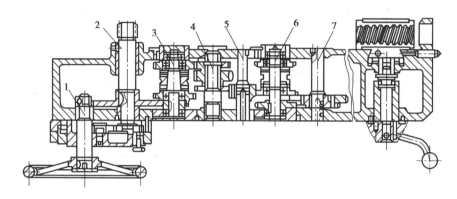

图 6.3　CA6140 型车床溜板箱装配展开图

1—XXVI轴;2—XXV轴;3—XXIV轴;4—XXIII轴;5—XXVII轴;6—XXVIII轴;7—XXIX轴

学习引导

1. CA6140 型卧式车床的溜板箱由哪些机构组成?

2. 开合螺母的作用是什么? 简述开合螺母的操纵机构的结构特点。

3. 溜板箱互锁机构的作用是什么?

4. 超越离合器和安全离合器的作用是什么?

5. 简述纵横向机动进给操纵机构的拆卸步骤,列出所需工具并实施。

6. 简述溜板箱的装配技术要求。

● 考核评价

序 号	评分项目	评分标准	分 值	考核结果	得 分
1	拆卸工具使用	正确选用、规范进行使用	20		
2	拆装溜板箱	对应溜板箱的装配图展开,拆装方法和步骤正确	30		
3	拆装规范	拆卸后的零件无损坏并按顺序摆放,操作安全	20		
4	回答装配提问	叙述装配基本知识,包括装配工艺,装配时的联接和配合等,并回答相关的问题	20		
5	团队合作	清点工具、打扫卫生	10		

任务 6.4 CA6140 型卧式车床的试车和验收

● 学习目标

1. 掌握车床的试车、验收方法。
2. 能够正确进行车床的试车、验收。

● 任务及要求

本任务通过对 CA6140 型卧式车床试车和验收的学习,掌握车床的试车、验收方法。在对 CA6140 型卧式车床拆装后的外观检查、机床的几何精度检查和试运转验收中,重点学会机床的静态检查、空运转试验、负荷试验的内容。

● 学习引导

1. 卧式车床的试车和验收包括哪些方面的内容?

2. 静态检查主要检查哪些机构？具体应从哪些方面进行检查？

3. 空运转试验目的是什么？空运转试验和调整应包含哪些内容？

4. 负荷试验包含哪些试验？各实验的目的是什么？

5. 简要制订卧式车床试车和验收的步骤并实施。

考核评价

序 号	评分项目	评分标准	分 值	考核结果	得 分
1	准备工作	工具准备正确齐备,组员分工明确,场地布置合理	15		
2	静态检查	操作正确齐全,检测结果与实际相符	35		
3	空运转试验	操作正确齐全,检测结果与实际相符	20		
4	回答有关问题	解答老师提出的问题(教师提一些装配调整的问题)	20		
5	清点工具、打扫卫生	培养良好工作习惯	10		